AF629294

ISSN 0371-327X

SITZUNGSBERICHTE DER SÄCHSISCHEN AKADEMIE DER WISSENSCHAFTEN ZU LEIPZIG

Mathematisch-naturwissenschaftliche Klasse
Band 117 · Heft 1

KLAUS DÖRTER

EINIGE ASPEKTE ZUM LANDESKULTURELLEN NUTZEN DES MELIORATIONSWESENS

Mit 10 Abbildungen und 11 Tabellen

AKADEMIE-VERLAG · BERLIN
1984

Vorgetragen in der Sitzung am 5. März 1982
Manuskript eingereicht am 15. April 1982
Druckfertig erklärt am 28. März 1984

Erschienen im Akademie-Verlag, DDR - 1086 Berlin, Leipziger Straße 3—4
© Akademie-Verlag Berlin 1984
Lizenznummer: 202 · 100/081/84
P 5/84
Printed in the German Democratic Republic
Gesamtherstellung: VEB Druckhaus „Maxim Gorki", 7400 Altenburg
LSV 4045
Bestellnummer: 763 322 7 (2027/117/1)

00800

Im Industrieballungsgebiet des Bezirkes Halle, unweit der großen Chemiegiganten von Leuna und Buna, findet sich in Bad Dürrenberg eine Oase besonderer Art zur Rekreation nicht nur der hier lebenden und tätigen Menschen. Von nah und fern kommen jährlich etwa 400000 Besucher dorthin, um ein technisches Meisterwerk des 18. Jahrhunderts, die 850 m langen Gradierwerke (Abb. 1) in dem 10 ha großen Kurpark mit seinen Blumenanlagen, weiten Rasenflächen und seltenen Gehölzen zu bewundern und zu nutzen (MAGER, 1981). Bietet sich doch das harmonische Zusammenspiel von Luft, Wasser und Mineral durch die über das Schwarzdorn-Strauchwerk des auch für zukünftige Generationen unbedingt erhaltenswerten Gradierwerkes herabträufelnde Sole in vortrefflicher Weise als Prophylaxe für die im Territorium durch Luftverschmutzung strapazierten Atmungsorgane der Menschen an. Die Hauptsolquelle in 223 m Tiefe, vom Kurfürstlich Sächsischen Bergrat und Salinendirektor Johann Gottfried Borlach 1763 erschlossen, diente bis 1963 zugleich der Saline zur Produktion von Siedesalz. Unmittelbar neben den Parkanlagen aber zeigt sich dem in das Auengelände der Saale hinunterblickenden Besucher ein anderes Bild. Dem Lebendigen feindlich bewegt sich das von Abwässern und Salzen überlastete Wasser des Flusses träge dahin. Es ist ein disharmonisches, anthropogen verursachtes Zusammenspiel von flüssigen, festen und gasförmigen Stoffen als Gegenbild zu den obengenannten heilsamen Prozessen sowie von unbefriedigendem Einfluß auf die umgebende Landschaft mit ihren Bewohnern.

Sogleich drängt sich dem aufmerksamen Betrachter der Gedanke auf, wie solchen gravierenden landeskulturellen Problemen, wozu das angeführte Beispiel der Saale nur als eines von vielen angesehen werden muß, entgegenzutreten sei. Gibt es doch hierzu viele mahnende Hinweise, die nicht zuletzt in den straff zusammengefaßten Ausführungen der Direktive des X. Parteitages der SED zur Wasserwirtschaft und zum Umweltschutz unseres Landes ihren Ausdruck finden. Wörtlich heißt es dort: „Planmäßig sind die Maßnahmen zur Reinhaltung der Gewässer, für die Nutzung und den Schutz des Bodens, die Reinhaltung der Luft, die Minderung des Lärms sowie die Beseitigung und Verwendung von Siedlungsmüll und industriellen Abprodukten fortzuführen. Die

Umweltbedingungen sind insbesondere in den Arbeiterzentren und Ballungsgebieten zu verbessern" (Direktive, 1981).

Dieser Aufforderung nachkommend, wird in der weiteren Folge der Versuch unternommen, in Verbindung mit dem erwähnten Beispiel aber auch in anderen Zusammenhängen darzustellen, wie gerade die des öfteren als umweltbelastender Volkswirtschaftszweig kritisch betrachtete sozialistische Landwirtschaft der DDR und insbesondere das ihr als einer der wesentlichen Intensivierungsfaktoren eingegliederte Meliorationswesen zur Unterstützung der Lösung landeskultureller Probleme von Nutzen sein können.

Dabei ist zunächst von den folgenden grundsätzlichen Tatsachen auszugehen. Wenn NEEF (1977) die Landeskultur als „den Teil der gesellschaftlichen Kulturleistungen" bezeichnet, „der die Nutzung der Reichtümer eines Landes zur Befriedigung der menschlichen Bedürfnisse zum Ziel hat," dann ist ohne Zweifel die Aufgabenstellung der Landwirtschaft, die Bevölkerung mit Nahrungsgütern zu versorgen und für die Industrie Rohstoffe bereitzustellen, eine landeskulturelle Leistung ersten Ranges. Dabei sind dem begrenzten landwirtschaftlichen Bodenfonds von etwa 6,3 Mio ha entsprechend 58% der 10,8 Mio ha umfassenden Wirtschaftsfläche der DDR beachtliche Pflanzenerträge und Leistungen der Tierproduktion abzuringen. Diese Aufgaben müssen mit weiter zunehmend intensiveren Bewirtschaftungsmaßnahmen bei sinkendem Aufwand je Erzeugniseinheit sowie abnehmender Zahl der Beschäftigten in den Pflanzen- und Tierproduktionsbetrieben und ihren Kooperationspartnern, den Agrochemischen Zentren, den Kreisbetrieben für Landtechnik und den Meliorationsbautrieben, gelöst werden. Wie bekannt, stehen hierbei nur 0,37 ha landwirtschaftliche Nutzfläche (LN) pro Kopf der Bevölkerung zur Verfügung, d. h. von 100 ha Bodenfläche müssen 268 Einwohner ernährt werden.

Die Landwirtschaft nutzt zur Realisierung ihres Vorhabens verschiedene Intensivierungswege, zu denen insbesondere der Einsatz chemischer Stoffe, wie Düngemittel, Pflanzenschutzmittel (PSM) und Mittel zur Steuerung biologischer Prozesse (MBP) sowie eine hochspezialisierte Technik zu zählen sind. Aber auch das aus der Kulturtechnik mit ihren vornehmlich ingenieurtechnischen Maßnahmen des landwirtschaftlichen Wasserbaues hervorgegangene Meliorationswesen bietet der Pflanzenproduktion bedeutsame Intensivierungsmöglichkeiten an. Als grundlegende einmalige Verbesserungen land- und forstwirtschaftlich genutzter Standorte mit anhaltender Wirkung unterscheiden sich Meliorationsmaßnahmen grundsätzlich von allen Maßnahmen des Acker- und Pflanzenbaues, da sich letztere zumeist jährlich wiederholen und nur zeitlich begrenzte Auswirkungen mit sich bringen. In Verbindung mit dieser Langzeitwirkung werden die natürlichen Ressourcen Boden und Wasser Vorgängen ausgesetzt, die auch aus landeskultureller Sicht beurteilt werden müssen, damit sie nicht in der Landschaft schädigende Nebenwirkungen auslösen. Andererseits

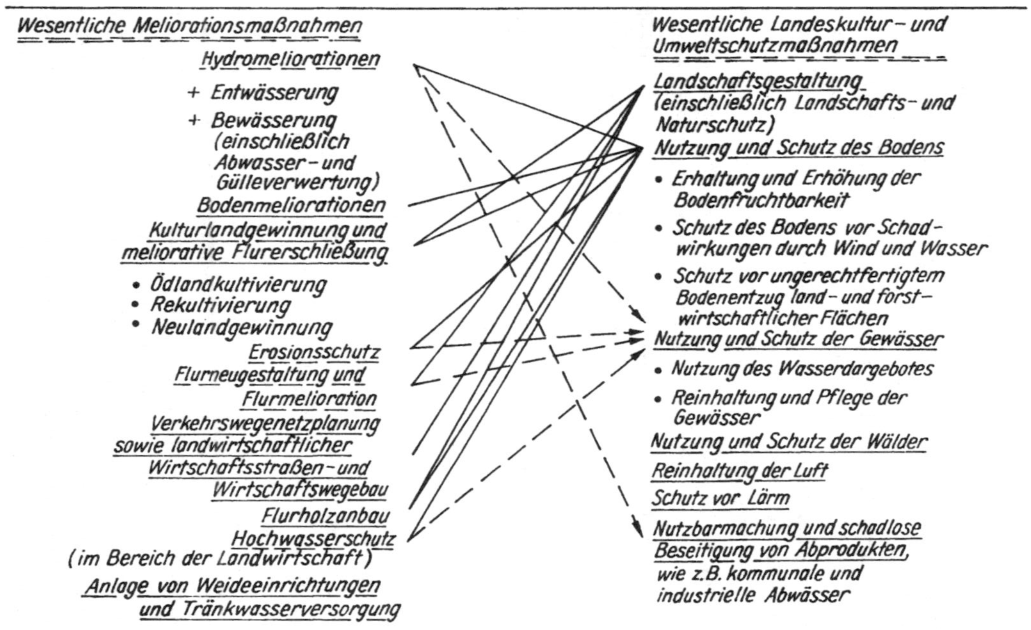

— — — — = Meliorationen, die besonders dem Gewässerschutz dienen können

Abb. 2. Stark korrespondierende Zusammenhänge zwischen Maßnahmen des Meliorationswesens, der Landeskultur und des Umweltschutzes (nach DÖRTER)

seits kann sich das Meliorationswesen aber auch zu einem besonders geeigneten Bereich landwirtschaftlichen Wirkens bei der Lösung landeskultureller Aufgaben in Verbindung mit einer schützenden Nutzung der natürlichen Ressourcen Boden und Wasser entwickeln, da hier vielseitige Beziehungen zur Landeskultur und zum Umweltschutz bestehen (Dörter, 1977). Abbildung 2 zeigt die Fülle dieser Beziehungen, wobei auch die engen Verflechtungen mit einem weiteren hier hinzutretenden Funktionskreis, der Wasserwirtschaft, deutlich werden.

Eine Reihe von Meliorationen können geradezu als spezielle landwirtschaftliche Komponenten landeskultureller Maßnahmen angesehen werden, sofern sie mit entsprechender Rücksichtnahme auf ökologische Gesichtspunkte des Landschaftshaushaltes eingesetzt werden. Zu nennen ist z. B. der Schutz gegen Deflation und fluviatile Erosion des Bodens — ein zur Zeit höchstaktuelles Problem. Der Bodenabtrag durch Wasser- und Winderosion ist sowohl im Weltmaßstab als auch in der DDR eine der Ursachen einer möglichen Abnahme der Bodenfruchtbarkeit auf landwirtschaftlich genutzten Standorten. Deflationen, deren Anzeichnen u. a. zugewehte Gräben und Aufwehungen an Ackergrenzen sind, führen zur Ausdünnung des humusreichen A-Horizontes und damit zur Verarmung des Oberbodens an Nährstoffen. Ein großes Ausmaß nimmt der in vielen Gebieten als einzige Art der Bodenerosion auftretende Bodenabtrag durch abfließende Regen- und Schmelzwässer ein. Um geeignete Meliorationsmaßnahmen vornehmen zu können, ist neben einer gründlichen Standortanalyse die Form der Bodenabschwemmung zu beachten, wobei die schleichende Flächenerosion, die deutlichere Rillen- oder Rinnenerosion und schließlich auch die besonders gravierende Grabenerosion mit der erodierenden Wirkung der sich durch das Wasser bis zu mehreren Metern Tiefe bildenden Gräben zu unterscheiden sind. Die Bodenerosion wird gefördert durch ungünstige Bodenstruktur, unsachgemäße Bodenbearbeitung, einseitiges Beanspruchen des Bodens durch Monokulturen, ungenügende Humusversorgung, Eingriffe in den Wasserhaushalt durch Abholzungen, Senkung des Grundwasserspiegels, schließlich durch die Beseitigung natürlichen Windschutzes in der offenen Landschaft und nicht zuletzt auch durch überdimensionierte Schlaggrößen. Der Anteil wassererosionsgefährdeter Flächen in der DDR beträgt etwa 30% der landwirtschaftlichen Nutzfläche, wobei das Mecklenburger Hügelland sowie das Lößhügelland und die Vorgebirgs- und Gebirgsstandorte im Süden besonders erosionsgefährdet sind. Die ökonomische Bedeutung der Bodenerosion findet z. B. ihren Ausdruck in den Ertragsminderungen durch Bodenabtrag in Hanglagen, die nach Untersuchungen von Flegel (1962) bis zu 60% (⌀ 37%) betragen können.

Eine wirkungsvolle Bekämpfung der Bodenerosion erfordert neben vielseitigen acker- und pflanzenbaulichen Maßnahmen in Fällen stärkerer Erosionsgefährdung Meliorationsmaßnahmen, wie die Regelung der Wasserverhältnisse, die Verbauung von Erosionsrinnen, Schutzanpflanzungen und evtl. auch Terrassierungen, welche wir im Thüringer Wald schon von jeher kennen (Abb. 3). Eine bedeutsame Unterstützung des Erosionsschutzes ergibt sich durch ein dem Territorium angepaßtes Acker-Grasland-Verhältnis und in Verbindung damit durch eine Graslandwirtschaft mit der Vermeidung von Trittschäden der weidenden Tiere. Ein Versuch, die Disposition verschiedener Standorte zur Bodenerosion in Abhängigkeit vom Bodensubstrat, von der Hangneigung und von der Bewirtschaftungsart darzustellen, ist aus Tabelle 1 zu entnehmen.

Tabelle 1

Disposition verschiedener Standorte zur Bodenerosion in Abhängigkeit von Boden, Hangneigung und Bewirtschaftungsart (nach KUGLER, 1969)

	Hangneigung (Grad)			
	0…3°	4…7°	8…15°	> 15°
Ackerland	a) II	I	I	I
	b) III	II	II	I
	c) III	III	II	II
Grünland	a) III	III	III	II
oder	b) III	III	III	III
Wald	c) III	III	III	III

a) anlehmiger Sand; lehmiger Sand, stark lehmiger Sand, staub- und grobschluffreiche Lehme, Löß und Lößderivate
b) Lehm, toniger Lehm, Ton
c) Grob- und Mittelsande ohne schluffige und tonige Beimengungen, Ton, Skelettböden

I starke Disposition
II mäßige Disposition
III schwache Disposition

Als eine Melioration mit vielschichtigen Potenzen für einen landeskulturellen Nutzen muß auch die Flurgestaltung bzw. Flurneugestaltung mit den dazugehörigen Flurmeliorationen angesehen werden. Dieses besonders für die Verbesserung der technologischen Eignung der landwirtschaftlichen Nutzflächen von der Landwirtschaft bevorzugte Verfahren der Agrarraumgestaltung ist zwar vordergründig eine Melioration, sollte aber in jedem Fall zugleich auch als ein der Landwirtschaft adäquater Teil der Landschaftsgestaltung und damit als eine landeskulturelle Maßnahme verstanden werden. Nicht selten wurde bisher die Flur fast ausschließlich mit dem Blick auf eine durchaus notwendige

Produktionswirksamkeit geordnet und melioriert, ohne in dialektischer Einheit hierzu ein landeskulturelles Gestalten der Landschaft bis zu den derzeitig erfreulich wieder auflebenden Initiativen zum Flurholzanbau einzubeziehen. Darf doch nicht übersehen werden, daß unsere Kulturlandschaft ohne eine entsprechende Wirksamkeit der Landwirtschaft in enger Partnerschaft mit der Forstwirtschaft nicht zu erhalten ist.

Aus der Sicht des Meliorationswesens sollen durch eine komplexe Flurgestaltung großflächige landwirtschaftliche Bewirtschaftungseinheiten geschaffen werden, deren Gestaltung und deren Bodenverhältnisse möglichst einheitlich sind und die von natürlichen und anthropogenen Hindernissen soweit bereinigt sind, daß geeignete Maschinensysteme mit hoher Flächenleistung, Agrarflugzeuge zur Düngung und PSM-Applikation sowie gegebenenfalls rollende und fahrende Beregnungsaggregate effektiv eingesetzt werden können. Es werden ferner standortgemäße Rotationsbereiche im Rahmen der Fruchtfolgegestaltung und ein hierzu angepaßtes Verkehrswegenetz angestrebt. In Gebirgs- und Vorgebirgslagen sowie im Hügelland spielen hierbei die Fragen der Hangneigung und der Erosionsproblematik eine bedeutsame, schlagspezifische Rolle. Aus der Sicht der Landeskultur sind bei diesen auf betriebsbezogene Notwendigkeiten orientierten Eingriffen der komplexen Flurgestaltung in das Landschaftsgefüge auch mögliche Auswirkungen auf den gesamten Landschaftshaushalt zu erwarten. Daher sind zwei grundsätzliche Zusammenhänge zu berücksichtigen:

Die Flurgestaltung hat entsprechend den standortspezifischen Gegebenheiten auf der Basis einer gründlichen Analyse und wissenschaftlichen Beurteilung des Landschaftsgefüges mit seinen ökologischen Zusammenhängen zu erfolgen und steht dabei zumeist in Abhängigkeit von einer bilateralen bis multilateralen Mehrfachnutzung der Landschaft mit neutralen, korrespondierenden oder konkurrierenden Funktionskreisen.

In Verbindung mit unseren Untersuchungen auf natürlichen Standorteinheiten (NStE) V 2 bis V 5 der Gesteins- und Verwitterungsböden in Mittelgebirgs- und Vorgebirgslagen des Harzes, des Thüringer Waldes und auf Lö 1- bis Lö 2-Standorten des Kreises Querfurt liegen hierzu eine Reihe von Erkenntnissen vor, die sowohl der standortgerechten Produktionswirksamkeit der Landwirtschaftsbetriebe als auch einer stärkeren Berücksichtigung landeskultureller Aspekte förderlich sein dürften (PRETZSCHEL, RUDOLF, ALTERMANN und MAUTSCHKE, 1977; DÖRTER, 1978 und 1982; PRETZSCHEL, BÖHME, DÖRTER, ALTERMANN und ROBE, 1982).

Ein Schwerpunkt bei der Flurgestaltung — der im übrigen so manchen Meinungsstreit im letzten Jahrzehnt ausgelöst hat — ist die Größe und Form der Ackerschläge, die wir heute als Geländeschläge bezeichnen. Wie die Ergebnisse der angeführten Untersuchungen belegen, sind Geländeschläge mit

Größen von 50 bis 120 ha zu empfehlen, die möglichst von als Bewirtschaftungshindernisse auftretenden Flurelementen frei sein sollen. Eine weitere Vergrößerung bringt keine wesentlichen technologischen Vorteile.

In Gebirgslagen sind in vielen Fällen bedeutend niedrigere Schlaggrößen in Kauf zu nehmen. Bei übertrieben großen Geländeschlägen besteht die Gefahr, daß die Bodenfruchtbarkeit u. a. infolge stärkerer Bodenverdichtungen durch temporäre Feldwege auf den Ackerflächen sowie durch die schon genannte bedrohliche Zunahme von Wasser- und Winderosionen beeinträchtigt wird. Einfache geometrische Schlagformen mit einem Längen-Breiten-Verhältnis von 2 bis 4: 1 und zumindest 2 parallelen Seiten sind allgemein am zweckmäßigsten, wobei jedoch besonders in Gebirgslagen auch polygone Formen akzeptiert werden müssen. Eine verkehrsmäßig gute Erschließung ist in vielen Fällen bereits mit einem Anteil landwirtschaftlicher Straßen- und Wirtschaftswege von nicht mehr als 1% der LN gegeben. Ein Überblick über einige der erzielten Ergebnisse in Verbindung mit einer inzwischen wirksam gewordenen, den territorialen Gegebenheiten angemessenen Vergrößerung der Geländeschläge in einigen Gebirgs- und Vorgebirgslagen sowie im Flachland der DDR ist aus den Tabellen 2 und 3 zu entnehmen.

Die Abbildungen 4 und 5 zeigen die Veränderung eines Flurabschnittes sowie die dadurch mögliche günstigere Gestaltung von Acker- und Grünlandflächen in der LPG Hayn.

Für die Pflanzenproduktionsbetriebe ergeben sich durch Vergrößerungen der Geländeschläge im Rahmen der oben empfohlenen Größenordnungen eine Reihe nicht unerheblicher ökonomischer Vorteile, zu denen u. a. zu zählen sind:

- eine Senkung unproduktiver Zeiten beim Einsatz der Technik sowie eine Einsparung von Maschinenwendungen und -umsetzungen,
- eine Verringerung von ertragsgemindertem Vorgewende und
- eine Steigerung der Produktion durch Flächengewinn, z. B. auf Grund der Kultivierung funktionsloser Wirtschaftswege oder Ödlandflächen.

Schon durch die relativ geringen Veränderungen der Geländeschläge, die sich durch eine Flurneugestaltung in der im Flachland liegenden LPG Rothenschirmbach der Agrar-Industrie-Vereinigung Pflanzenproduktion Querfurt ergeben haben, können deutliche Vorteilswirkungen, verbunden mit einem finanziellen Nutzen, nachgewiesen werden (Tab. 4).

Entsprechend der landeskulturellen Bedeutung der Flurgestaltung als Bestandteil der Landschaftsgestaltung kann weiterhin auf Vorteilswirkungen verwiesen werden, die zwar nicht immer mit einem finanziellen Nutzen zu belegen sind, jedoch nicht weniger bedeutsam für die Arbeits- und Lebensbedin-

Tabelle 2

Standortkennzeichnung der Untersuchungsgebiete

Betriebe und untersuchte Flächen ha	NStE*)	Ø jährl. Niederschlagsmengen mm	Ø Jahrestemperatur °C	Höhenlage über NN m	Nutzflächenverhältnis % AF	 GR**)	territoriale Besonderheiten	wesentliche Funktionskreise im Territorium
LPG Hayn, Krs. Sangerhausen, Bez. Halle 4500	V 5	613···723	6,5	360···430	69	31	Mittelgebirgslage; vorwiegend Plateaucharakter mit stark geneigten Randflächen und muldenförmigen bis engen Tallagen	polyfunktionale Landschaft (Land-, Forst-, Wasserwirtschaft, Erholungswesen)
LPG Oberböhmsdorf, Krs. Schleiz, Bez. Gera 3500	V 2 V 3 V 5	630···660	6,6	400···580	67	33	Mittelgebirgslage; vorwiegend Plateaucharakter durch Taleinschnitte unterbrochen; hoher Waldanteil	Land- und Forstwirtschaft
LPG Remda, Krs. Rudolstadt, Bez. Gera 3500	V 3 V 5	552	7,8	240···480	72	28	stark differenzierte Mittelgebirgs- und Vorgebirgslagen; Plateau- u. Hanglagen mit Neigungen bis > 20%	vorwiegend Land- und Forstwirtschaft

Tabelle 2 (Fortsetzung)

LPG Triptis, Krs. Pößneck, Bez. Gera 2000	V 2 V 4 V 5	633···647	7,5	280···385	78	22	Vorgebirgslage; ebenes und stark geneigtes Gelände mit eingesprengten Waldflächen; Zergliederung durch Autobahn und Fernverkehrsstraßen	polyfunktionale Landschaft (Land-, Forstwirtschaft, Industrie, Verkehrswesen)
LPG Rothenschirmbach der AIV (P) Querfurt, Krs. Querfurt, Bez. Halle 4609	Lö 1 Lö 2	450···520	8,1	158···275	99	1	Flachland, eben bis hängig	vorherrschend Landwirtschaft

*) NStE = Natürliche Standorteinheit
**) AF = Ackerfläche; GR = Grünland

Tabelle 3

Anteile der Schlaggrößengruppen in Prozent der Ackerfläche, durchschnittliche Geländeschlaggröße und Vorgewendelänge in fünf Beispielsbetrieben vor und nach der Flurneugestaltung

LPG		Schlaggrößengruppen 1	2	3	4	5	6	$\bar{x}$ Geländeschlaggröße	$\bar{x}$ Vorgewendelänge
		< 5 ha	5…10 ha	10…30 ha	30…50 ha	50…80 ha	> 80 ha	ha	m/ha
Hayn	vor	22,7	28,0	49,3	—	—	—	5,5	97,4
	nach	—	1,3	27,9	35,6	29,1	6,1	31,5	56,5
Ober-	vor	8,1	9,8	34,5	23,6	19,6	4,4	13,1	70,4
böhmsdorf	nach	1,0	3,7	20,9	15,0	22,0	37,4	35,9	45,6
Remda	vor	12,7	26,2	42,8	12,2	6,1	—	8,8	116,4
	nach	2,6	11,1	25,2	15,2	28,1	17,8	20,7	47,5
Triptis	vor	52,4	24,3	23,3	—	—	—	2,5	113,9
	nach	0,1	2,1	22,1	20,8	15,7	39,2	39,9	34,0
Rothen-	vor	1,1	2,4	16,2	16,1	27,6	36,6	39,0	47,7
schirm-bach*)	nach	1,2	2,0	11,7	11,1	31,8	42,2	43,5	38,3

*) Rothenschirmbach

	80…120 ha		> 160 ha
vor	19,1	vor	11,6
nach	24,7	nach	11,6
	120…160 ha		
vor	5,9		
nach	5,9		

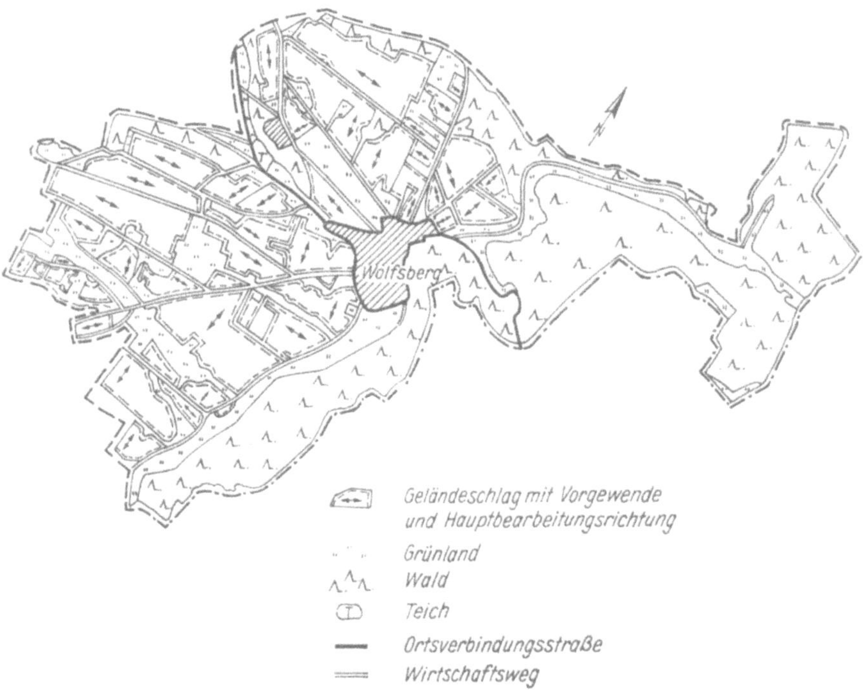

Abb. 4. Flur „Wolfsberg“ der LPG Hayn (Harz) vor der Flurneugestaltung

Tabelle 4

Jährlicher finanzieller Nutzen durch Verbesserung der technologischen Eignung der Geländeschläge

Vorteilswirkungen	Mark insges.	M/ha AF
durch Verringerung der Anzahl an Maschinenwendungen	10134,–	2,21
durch Verringerung der Vorgewendelänge	51312,–	11,21
durch Flächengewinn (insges. 8,22 ha AF)	9371,–	2,05
Gesamt	70817,–	15,47

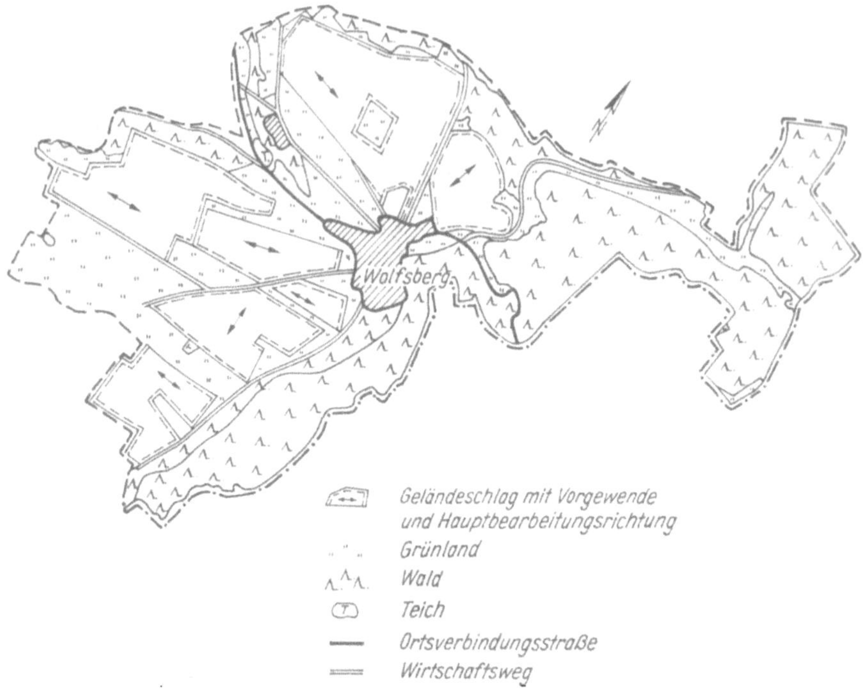

Abb. 5. Flur „Wolfsberg" der LPG Hayn (Harz) nach der Flurneugestaltung

gungen der im Territorium lebenden Menschen sein können. So ist bei der Agrarraumgestaltung in polyfunktionalen Landschaften auf die sachgemäße Nutzung von Landschaftsschutz- und Trinkwasserschutzgebieten, insbesondere auch im Zusammenhang mit der Minderung oder Verhinderung der Eutrophierung von Gewässern zu achten (DÖRTER, 1978). Die Erhaltung von ökologisch bedeutsamen und landschaftsbelebenden Flur- bzw. Landschaftselementen, wie Fließgewässer, Teiche, enge Tallagen und Flurgehölze, aber auch von Wanderwegen oder von Wirtschaftswegen für die Forstwirtschaft läßt sich ebenso realisieren, wie die naturgemäße Gestaltung von kleinen Ödlandflächen, eine geordnete Deponie von Abprodukten in Verbindung mit dem Auffüllen von Söllen, Tagebaurestlöchern und anderen Hohlformen sowie die Festlegung von landeskulturell vertretbaren Gülleflächen.

Zu derartigen Vorhaben gehören Flurmeliorationen, welche die Flurgestaltung maßgeblich unterstützen können. Maßnahmen des Vorflutausbaues, der Vorfluterbegradigung — ohne dabei das dem Wasser eigene Bestreben nach Mäandern vollständig hemmen zu wollen — der Grabenverrohrung, der Bedarfsdränung, der Bodengefügemelioration zum mehr oder weniger wirksamen Ausgleich von Bodenunterschieden und Maßnahmen des Erosionsschutzes, ferner ganz spezifisch flurgestaltende Vorhaben der Reliefmelioration und der Beseitigung von Flurelementen, wozu die Entfernung von Hindernissen anthropogener Art, Rodungen, Entsteinungen sowie die Neuanlage von Flurgehölzen (Abb. 6a und b) zählen, lassen sich hier anwenden.

Zu erwähnen ist in diesem Zusammenhang auch die Kulturlandgewinnung sowie die Wiedernutzbarmachung und Gestaltung von Bergbaufolgelandschaften. Die hierbei notwendige Rekultivierung umfaßt einen Komplex von Meliorationsmaßnahmen von hoher landeskultureller Bedeutung. Im besonderen aber bieten sich hier bisher viel zu wenig genutzte einmalige Möglichkeiten, mit finanzieller und technischer Unterstützung des Bergbaues nicht nur größere Flächen grundlegend bodengefüge- und bodenfruchtbarkeitsmäßig zu beeinflussen, sondern eine großzügige Flurneugestaltung und Landschaftsgestaltung vorzunehmen. Gegen die dabei immer wieder auftretenden ausgedehnten Böschungserosionen, insbesondere an Tagebaurestlöchern, entwickelten wir ein Anspritzverfahren mit einem Gülle-Saatgut-Gemisch. Hierdurch kann kurzfristig eine Böschungsstabilisierung durch eine dauerhafte Vegetationsdecke mit geeigneten Gräsern und Klee erreicht werden (Schoppe, Dörter, Anders, 1981).

Von hoher Bedeutung für die komplexe Flurgestaltung sind die vielseitigen Erkundungen zum Georelief mit seiner aktuellen Dynamik für die Agrarnutzung eines Territoriums. Insbesondere in Verbindung mit der Hangneigung liegen hierzu mehr oder weniger wissenschaftlich begründete Empfehlungen zahlreicher Autoren vor, wie Kugler (1976) in zusammenfassenden Darstellungen nachweist (Abb. 7). Jedoch werden derartige Klassifikationen für die Landwirtschaftsbetriebe, die letztlich für die Umsetzung verantwortlich zeichnen, erst dann praktikabel, wenn sie bis zum Detail präzisiert werden. Eine solche präzisierte, vielseitig verwendbare Arbeits- und Entscheidungsgrundlage für die Maßnahmen der Flurneugestaltung und Flurmelioration sind die von uns auf wissenschaftlichen Grundlagen erstellten schlagbezogenen Empfehlungen als eine praxisorientierte Darstellung aller im Rahmen der Standortanalyse ermittelten Ergebnisse unter besonderer Kennzeichnung der Hangneigung, der Anbaueignung, der Nutzungsänderung und der Erosionsgefährdung. In den Abbildungen 8 und 9 sowie in Tabelle 5 wird ein Beispiel derartiger schlagbezogener Empfehlungen wiedergegeben. —

Kehren wir zurück zu der chemikalien- und fäkalienbelasteten Flüssigkeit, die das Flußbett der Saale ausfüllt. Analysen zeigen immer wieder, wie in Abhängigkeit von der Wasserführung sich das problemreiche Gegenbild des wachsenden Wohlstandes eines Landes mit hoher industrieller Entwicklung in seinen durch Abprodukte belasteten Fließgewässern erkennen läßt. Die Verunreinigungen sind vor allem auf kommunale und industrielle Abwässer zu-

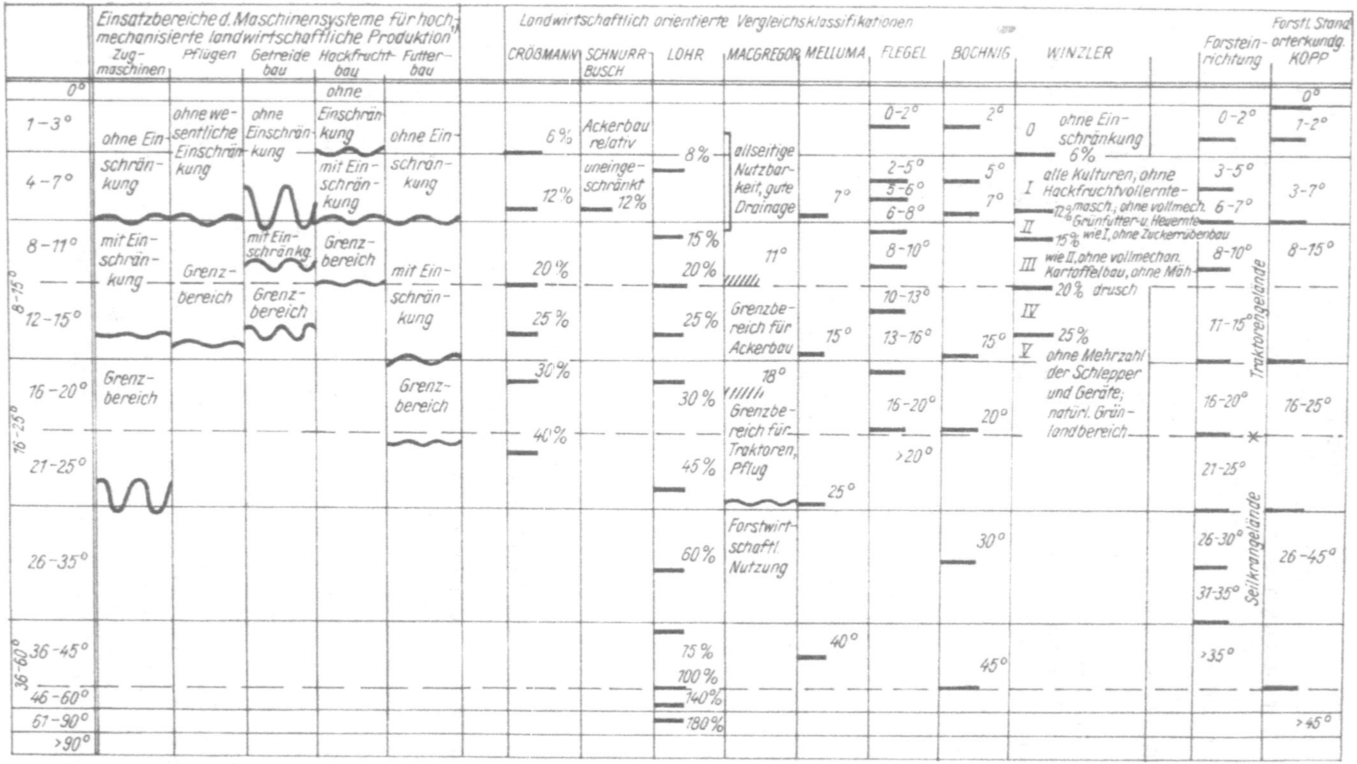

Abb. 7. Die Bedeutung der Klassifikation der Hangneigung für die Land- und Forstwirtschaft nach KUGLER (1976)

TAFEL I

Abb. 1. Gradierwerk in Bad Dürrenberg (Teilansicht)

TAFEL II

Abb. 3. Terrassierung im Thüringer Wald

TAFEL III

Abb. 6a. Überdimensionierte Schläge ohne Flurgehölze

TAFEL IV

Abb. 6b. Windschutzpflanzung

Tabelle 5

Auswertung der Relief- und Bodenverhältnisse für schlagbezogene Empfehlungen am Beispiel des Geländeschlages 2.9. der LPG Hayn (siehe Abb. 9)

Geländeschlag		Relief		Bodenverhältnisse	
Nr.	ha	maximale Hangneigungsgruppe*)	übrige Hangneigungsgruppen*)	überwiegende Bodenform	restliche Bodenformen
2.9.	48.13	2 (4%)	1 (60%) 0 (36%)	④ $\frac{\text{vö}}{\text{ln}}$ BF (60%)	⑩ $\frac{\text{vö}}{\text{ln}}$ S + $\frac{\text{vö}}{\text{ln}}$ HaX (20%) ② $\frac{\text{vö}}{\text{n}}$ B (10%) ③ $\frac{\text{vö}}{\text{n}}$ BF (10%)

Ackerbauliche und meliorative Maßnahmen

Krumenvertiefung ist anzustreben. Bei der Kartierungseinheit ② ist die Mächtigkeit des Berglößes und der Fließerde zu berücksichtigen. Tieflockerung und Tiefkalkung kann durchgeführt werden, wobei die Kartierungseinheit ② nur eine Unterbodenlockerung erhält. Bei der Tieflockerung der Kartierungseinheit ③ sind die Stellen mit anstehendem Schutt auszulassen. Die Regulierung des Wasserhaushaltes der Kartierungseinheit ⑩ erfordert spezielle Maßnahmen. In Frage kommen neben Bedarfsdränung auch Fangdräns und die Verfahrenskombination**). Erosionsschutzmaßnahmen durch hangparallele Bodenbearbeitung sichern. Für eine ausreichende Nährstoffversorgung einschließlich Kalkung ist zu sorgen.

Anbaueignung

Alle Kulturen, auch Hackfrüchte (Kartoffeln).

*)

Hangneigungsgruppe	Grad	Prozent	Mechanisierungsmöglichkeit
0	< 2	< 4	voll mechanisierbar
1	2…5	4…9	alle Feldkulturen
2	5…6	9…11	alle Feldkulturen

**) Tiefkalkung, Tieflockerung, Weitabstandsdränung

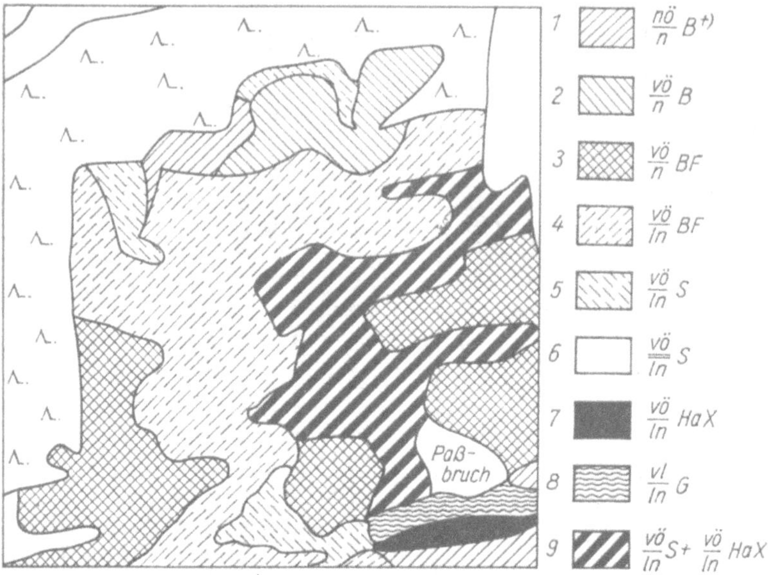

+) Abkürzungen von Bodenformen und -typen nach TGL 24300/07 und /08

Abb. 8. Beispiel einer Aufnahme von Bodenformen und Bodentypen als Grundlage der Flurneugestaltung in der LPG Hayn (Harz)

rückzuführen. Zwar sind zur Reinhaltung derartig hochbelasteter Fließgewässer in der DDR bereits verschiedene kostspielige und zum Teil auch noch recht energieaufwendige Bemühungen im Gange, jedoch ist bisher nicht überall eine ausreichende Vorbehandlung der Abwässer vor ihrer Einleitung in die Vorfluter möglich. So läßt dieser Zustand eine Mehrfachnutzung derartiger Fließgewässer selbst als Brauchwasser nur mit Einschränkungen zu. Auch die Landwirtschaft ist davon betroffen, da sie zur Bewässerung insbesondere auf Oberflächenwässer angewiesen ist.

Die Landwirtschaftsbetriebe werden in diesem Zusammenhang herausgefordert, sich für einen beachtlichen landeskulturellen Beitrag mit Hilfe des Meliorationswesens zu engagieren, der zwar nicht neu ist, jedoch als zunehmend aktuell angesehen werden kann. Gemeint ist die direkte Übernahme kommunaler und industrieller Abwässer, um dadurch einerseits eine gewisse Entlastung der großen Vorfluter zu erreichen und andererseits diese flüssigen Abprodukte einer natürlichen biologischen Reinigung durch den Boden und einer gleichzeitigen Nutzung zur anfeuchtenden und düngenden Bewässerung der Kulturpflanzen mit dem Ziel entsprechender Ertragssteigerungen zuzuführen. Für die Pflanzenproduktionsbetriebe ist auf Standorten, die aus der Sicht der Bodenverhältnisse eine Verwertung derartiger flüssiger Sekundärrohstoffe zu-

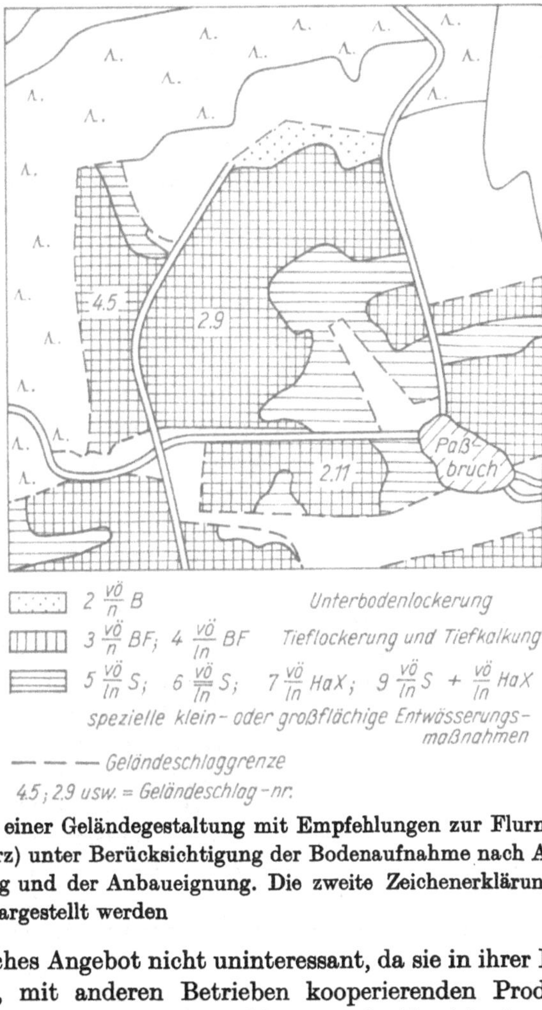

Abb. 9. Beispiel einer Geländegestaltung mit Empfehlungen zur Flurmelioration in der LPG Hayn (Harz) unter Berücksichtigung der Bodenaufnahme nach Abbildung 8 sowie der Hangneigung und der Anbaueignung. Die zweite Zeichenerklärung von oben muß richtig kariert dargestellt werden

lassen, ein solches Angebot nicht uninteressant, da sie in ihrer Entwicklung zu spezialisierten, mit anderen Betrieben kooperierenden Produktionseinrichtungen einen mehr oder weniger geschlossenen Stoffkreislauf, wie er die für uns schon legendären früheren einzelbäuerlichen Betriebe charakterisierte, nicht mehr kennen. Sie sind vielmehr auf der Grundlage industriemäßiger Produktionsmethoden für eine ökonomisch vertretbare, möglichst energieextensive Bereitstellung von Düngestoffen, darunter von organischen Substanzen und damit verbunden insbesondere von Stickstoff sowohl aus Tierproduktionsbetrieben als auch aus anderen Funktionskreisen der Volkswirtschaft, aufgeschlossen. Die LPG Burgwerben praktiziert mit den Abwässern der Stadt Weißenfels ein solches Beispiel zur Entlastung der Saale, auf das bereits an anderer Stelle eingegangen worden ist (DÖRTER, 1982). Obwohl solche direkt übernommenen Abwässer nicht mehr dem willkürlichen Vermischen im Vorfluter in unüberschaubarer Weise ausgesetzt sind, ist eine genaue und laufende analytische Überwachung nicht nur bei den besonders heterogenen Industrieabwässern, sondern u. a. wegen der höchst aktuellen Schwermetallproblematik auch bei den kommunalen flüssigen Abprodukten zu fordern. Der Fachbereichstandard TGL 6466/01 „Güteanforderungen an Bewässerungswasser" (1977) ist hierfür in der DDR eine erste, jedoch noch weiter zu verbessernde Grundlage. —

Die Verwendung kommunaler Abwässer in der Landwirtschaft hat sich mit der Einführung der Kanalisation, insbesondere der Schwemmkanalisation, ergeben. Während Viktor Hugo in der Mitte des vorigen Jahrhunderts in seinem Roman „Les misérables" mit viel Emotion und beißendem Hohn von den ins Wasser geworfenen Millionenwerten an menschlichen Dungstoffen in den „Eingeweiden von Paris — den Kloaken" spricht, waren die nüchtern und ökonomisch denkenden Engländer längst dabei, mit Rieselverfahren städtische Abwässer landwirtschaftlich zu verwerten, wie seit 1700 von der Stadt Edinburgh und seit Anfang des 19. Jahrhunderts von den Städten Ashburton und Devon überliefert ist.

Im früheren Deutschland läßt sich der systematische Abwassereinsatz in der Landwirtschaft seit den siebziger Jahren des vorigen Jahrhunderts zunächst besonders in Form der sogenannten Rieselfelder im Umkreis zahlreicher Städte nachweisen. Der Abwasserverband Delitzsch, eng verknüpft mit dem Namen seines bereits legendären Gründers, Wasserverbandsdirektor Stein, wurde dagegen zu einem klassischen Beispiel eines nur auf die Belange der landwirtschaftlichen Verwertung abgestimmten Einsatzes von Abwässern in Form der weiträumigen Bodenbehandlung der Abwässer der Stadt Leipzig. Dort wurden ärmste Sandböden mit Kiefernbeständen und Roggenfeldern durch die dem Boden und der Kulturpflanze angemessenen Wasser- und Düngestoffmengen einschließlich der Förderung bodenhumusbildender Prozesse allen nur möglichen Kulturpflanzen bis zur Zuckerrübe und — hygienisch nicht unbedenklich — bis zum Gemüsebau mit Erträgen, die denen guter Schwarzerdeböden nicht nachstanden, erschlossen.

In der DDR fallen zur Zeit etwa 1,0 Mrd. m^3/a kommunale Abwässer an. Davon werden nur etwa 140 Mio m^3/a mechanisch vorgereinigter Abwässer auf landwirtschaftlichen Nutzflächen, darunter etwa 40000 ha als weiträumige Abwasserbodenbehandlung, biologisch gereinigt und verwertet. Da somit zur Zeit nur etwa 14% der anfallenden kommunalen Abwässer von der Landwirtschaft übernommen werden und mit einem weiteren laufenden Anstieg des Anfalles derartiger Wässer bis zum Jahre 2000 zu rechnen ist, wird von der Landwirtschaft erwartet, in bedeutend höherem Maße dieses kosten- und energiesparende Wasser- und Düngestoffpotential zu nutzen. Allein 1 kg Rein-Stickstoff im Wasser ermöglicht nach FIEDLER (1973) die Produktion von etwa 125 kg Biomasse. Die Verwertung durch die Pflanzen und die Reinigungsleistung durch den Boden wirken der Eutrophierung der Gewässer mit Stickstoff und Phosphor entgegen. Die Bodenreinigung stellt bekanntlich alle künstlichen biologischen Verfahren in Kläranlagen in den Schatten (Tab. 6).

Tabelle 6

Gegenüberstellung der Reinigungsleistung von Abwasserbehandlungsverfahren bei kommunalem Abwasser (nach KRAMER u. a., 1980)

Inhaltsstoff	Reinigungsleistung (%)	
	künstlich-biologisches Verfahren	Abwasserbodenbehandlung
N	24···28	90
P	20···25	100
K	4	90
BSB_5	70···95	100

Es darf jedoch nicht übersehen werden, daß die Landwirtschaft in Verbindung mit dieser landeskulturellen Aktivität auch eine Reihe von Problemen zu bewältigen hat. Hierzu gehört eine konsequente Realisierung der Hygienevorschriften und der vorgegebenen Karenzzeiten. In zunehmendem Maße treten in den kommunalen Abwässern Stoffe auf, die wie Detergenzien und Schwermetalle einer besonderen Beachtung wegen schädlicher Nebenwirkungen auf Boden, Pflanze, Tier und Mensch bedürfen. Die Betriebs- und Anbaustruktur sind entsprechend zu gestalten. Die Landwirtschaftsbetriebe werden mit der Lösung der Frage der ganzjährigen Abnahme des Abwassers und der Schaffung von Entlastungsflächen konfrontiert. Mit zunehmend schwereren Böden und Niederschlägen ist die einzusetzende Abwassermenge zunehmend niedriger zu bemessen. Der schwankende Gehalt an Inhaltsstoffen erschwert eine genaue Bilanzierung der Düngung entsprechend den in der DDR praktizierten schlagbezogenen EDV-Düngungsempfehlungen. Die Mehrfachnutzung eines Territoriums und die Länge der Abwasserzuleitung aus kanalisierten Wohngebieten können als begrenzende Faktoren auftreten. —

Wie aber steht es mit der Komponente „Industrieabwasser"? Der Einsatz von industriellen und gewerblichen Abwässern in der Landwirtschaft ist nicht neu und beschäftigt Wissenschaft und Praxis seit der Jahrhundertwende bzw. seit dem zunehmenden Aufkommen einer industriellen Produktion (STRECKER,

1906). Dabei werden die ökonomischen Vorteile einer düngenden Bewässerung mit den an Pflanzennährstoffen reichen Abwässern von Zuckerfabriken, Stärkefabriken, Brauereien, Mälzereien, Molkereien, Schlachthöfen sowie Hanf- und Flachsrösten in Verbindung mit zum Teil notwendigen Verdünnungen sowie Zusätzen von Chemikalien hervorgehoben (Tab. 7). Eine weitgehende Unbrauchbarkeit von Abwässern der Berg- und Hüttenwerke, Salinen, Kaliwerke, Drahtziehereien, Beizereien, Verzinkereien, Gerbereien, Bleichereien, Zellstoff- und Papierfabriken wird betont. Jedoch hatte der Einsatz der Abwässer zunächst mengenmäßig und territorial nur eine begrenzte Bedeutung, wobei die Frage der Reinhaltung der noch verhältnismäßig sauberen Oberflächengewässer vollständig in den Hintergrund trat.

Tabelle 7

Nährstoffgehalte industrieller und gewerblicher Abwässer im Vergleich zu kommunalen Abwässern (mg/l)
(modifiziert nach SCHWARZ, 1970)

	N	P_2O_5	K_2O
Stärkefabriken	330	190	900
Zuckerfabriken	26	15	79
Brennereien	36	17	37
Brauereien	50	40	110
Molkereien	60	40	70
Schlachthäuser	550	100	140
Kommunale Abwässer	60	20	40

Nach THEODOR (1978) werden die Gewässer der DDR mit 5,3 Mrd. m³/a industrieller und häuslicher Abwässer belastet, während RÖSSNER den Anfall von Industrieabwässern ohne die für die Landwirtschaft bedeutungslosen Abwässer der Metallurgie bereits 1971 auf 4,1 Mrd. m³/a und FELGNER 1974 auf 5,5 Mrd. m³/a schätzten (BÖRNERT, 1974). Nach KRÜGER (1972) enthielten die Flüsse der DDR zu dieser Zeit etwa 300 Mill. m³/a für die Bodenbehandlung geeignete Abwässer. Eine systematische Klassifikation ist jedoch nicht vorhanden (DÖRTER, 1981).

SIERP (1967) hat sich lediglich um eine Gruppeneinteilung der von den einzelnen Industrie- und Gewerbebetrieben anfallenden Abwässer unter Berücksichtigung der Verwendbarkeit in der Landwirtschaft wie folgt bemüht:

1. Vorwiegend organisch verschmutzte Abwässer (z. B. Zucker- und Stärkefabriken, Molkereien, Brauereien, Nahrungs- und Genußmittelindustrie). Sie sind in der Regel für eine landwirtschaftliche Verwertung geeignet.

2. Sowohl organisch als auch anorganisch verschmutzte Abwässer (z. B. Kokereien, Textilbetriebe, Papier- und Lederindustrie). Sie sind unterschiedlich zu bewerten. Zum Teil ergeben sich wegen hygienischer Mängel entsprechende Vorbehalte.

3. Vorwiegend anorganisch verschmutzte Abwässer (z. B. metallverarbeitende Betriebe und chemische Industrie). Zahlreiche Abwässer dieser Gruppe sind wegen ihrer geringen Düngewirkung sowie pflanzenschädigenden bzw. toxischen Stoffen für die landwirtschaftliche Verwertung ungeeignet.

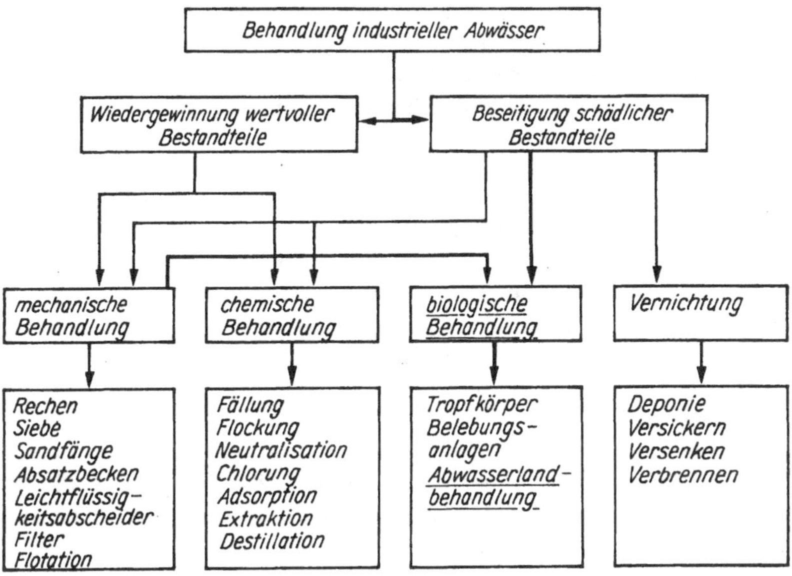

Abb. 10. Wege zur Behandlung industrieller Abwässer (nach Busch, 1977)

Nach Krause (1980) kommen zur Zeit von insgesamt 216 Mill. m³/a Abwässern in der DDR, die durch die Bewässerung produktionswirksam und zugleich durch den Boden gereinigt werden, nur 9% aus der Industrie, während der Anteil der Industrie am Gesamtabwasseraufkommen etwa 35% beträgt. Abbildung 10 zeigt Behandlungsmöglichkeiten von Industrieabwässern, von denen die Abwasserlandbehandlung nur als eine Komponente verstanden werden muß.

Die bisherige geringe Nutzung von Industrieabwässern durch die Landwirtschaft hat schwerwiegende Gründe. Im Gegensatz zu den kommunalen

Abwässern gibt es bekanntlich sehr verschiedenartige Abwässer, die von den einzelnen Industrie- und Gewerbebetrieben als mehr oder weniger gereinigte Rohabwässer und als gemischte Abwässer — u. a. auch in beträchtlichem Maße mit kommunalen Abwässern — abgestoßen werden. Der zeitliche, örtliche und mengenmäßige Anfall der Industrieabwasser-Inhaltsstoffe und deren Konzentration sowie das Auftreten zahlreicher in ihrer Wirkung für Boden, Pflanze, Tier und Mensch bekannter oder unbekannter Schadstoffe sind als besonders problematisch anzusehen. Aber auch die technisch-technologischen Probleme der Deponie, Überleitung und Betriebsorganisation einschließlich der Frage der ganzjährigen Abnahme derartiger reiner oder mit Oberflächenwässern verschnittener flüssiger Abprodukte sind nicht zu übersehen.

Die genannten Problemkreise bedürfen noch umfangreicher Ermittlungen und einer ausgedehnten Forschungsarbeit, ehe der Landwirtschaft als verantwortlichem Volkswirtschaftszweig für eine möglichst gesunde Ernährung der Bevölkerung dieser landeskulturelle Beitrag im Rahmen der Bewässerung zugemutet werden kann.

Bemühungen sowohl der Industrie als auch der Landwirtschaft, in speziellen Fällen Möglichkeiten einer landwirtschaftlichen Verwertung zu finden, sind schon lange bekannt. Beachtliche Anstrengungen der Forschung zur Erschließung von Verwertungsgebieten für die bei der Zellstoffherstellung allseits in großen Mengen anfallenden Sulfidablaugen haben z. B. Melms und Schwenzon (1967) in ausführlicher Weise sowie Hayek (1979) dargestellt, ohne allerdings bisher für die Landwirtschaft schon eine ökonomisch vertretbare Nutzung anbieten zu können.

Neuere Untersuchungen zur Verwertung von Abwässern der Braunkohlenveredelung sowie von stickstoffhaltigen Prozeßabwässern der Kalkammonsalpeter- und der Harnstoffproduktion zeigen ähnliche Bemühungen, um diese zur Zeit noch wenig genutzte Düngerreserve zu mobilisieren (Müller, 1978; Krause, Leister, Dörter, 1979; Cherif, Krause, Leister, 1981; Schulz, Müller, Kramer, 1981a und b).

Bei dem hierzu in den Jahren 1978 bis 1980 als ein erster Test von uns durchgeführten Gefäß- und Feldversuch wurden N-haltige Industrieabwässer der Harnstoffproduktion einer Eignungsprüfung unterzogen, wobei behandelte und unbehandelte Prozeßabwässer mit 0,01% Reinstickstoff sowie ein als „Havarieabwasser" bezeichnetes Abprodukt mit etwa 2% Reinstickstoff einschließlich Verschnittvarianten mit Klarwasser zur Anwendung kamen (Tab. 8). Als Versuchspflanzen dienten Welsches Weidelgras (*Lolium multiflorum*), Ausdauerndes Weidelgras (*Lolium perenne*), Knaulgras (*Dactylis glomerata*), Wiesenlieschgras (*Phleum pratense*) und Rotklee (*Trifolium pratense*). Im Gefäßversuch wurde ein Sand- und ein Lehmboden verwendet. Abwässer mit geringerem Stickstoffgehalt sollten für die Verwendbarkeit als Bewässerungswasser in der

Beregnung, die höher konzentrierten Abwässer als Flüssigdünger zur Einspeisung in eine Klarwasserberegnungsanlage geprüft werden. Die Tabellen 8 bis 11 zeigen auszugsweise einige der ermittelten Phänomene.

Tabelle 8

Varianten des Gefäßversuches der Jahre 1979 und 1980 und relative Trockenmasseerträge von Welschem Weidelgras

Variante	Bewässerungswasser*)	Abwasserzusatz mm	N-Gabe kg/ha	relative Trockenmasseerträge Sandboden 1979	Sandboden 1980	Lehmboden 1979	Lehmboden 1980
1	Klarwasser und Mineraldünger	—	400	100,0	100,0	100,0	100,0
2	Biologisch nitrifiziertes Abwasser	200	274**)	81,3	88,2	71,4	92,3
3	Prozeßabwasser	200	242**)	84,8	·	84,9	·
4	Havarieabwasser	200	400	98,1	89,5	95,6	93,8
5	Havarieabwasser	53	400	97,3	90,4	99,1	89,6
6	Havarieabwasser, neutralisiert mit H_2SO_4	53	400	101,7	96,3	110,4	97,0
7	Havarieabwasser	60	750	108,8	102,7	118,6	109,7

*) Gefäße wurden in einem einheitlichen Bodenfeuchtebereich von 60 bis 70 % des nutzbaren Feuchtigkeitsäquivalents (nFÄ) durch Ergänzen mit Klarwasser gehalten

**) Durch Zusatzdüngung auf 400 kg N/ha ergänzt

Tabelle 9

Der Einfluß von N-haltigem Industrieabwasser auf die Keimung (Keimtest mit Filterpapier)

Bewässerungswasser	NH_4-Konzentration mg/l	Anzahl gekeimter Samen in % Ausdauerndes Weidelgras	Wiesenlieschgras	Rotklee
Klarwasser	—	100	100	100
Havarieabwasser	150	97,7	89,9	97,5
Havarieabwasser	200	97,7		69,5
Havarieabwasser	250	94,6	71,3	60,3

Tabelle 10

Der Einfluß von N-haltigem Industrieabwasser auf die Wachstumsgeschwindigkeit von Rotklee, Wiesenlieschgras und Ausdauerndem Weidelgras (Lehmboden)

	Mittlere Wachstumsgeschwindigkeit in %				
	Klar-wasser	Prozeß-abwasser	Havarieabwasser		
		(70 mg/l NH_4)	(100 mg/l NH_4)	(300 mg/l NH_4)	(600 mg/l NH_4)
Rotklee					
1. Aufwuchs	100	86,5	97,3	92,9	80,2
2. Aufwuchs	100	91,6	93,7	74,1	57,9
3. Aufwuchs	100	84,0	89,3	—	—
Wiesenlieschgras					
1. Aufwuchs	100	77,7	91,7	79,2	53,0
2. Aufwuchs	100	91,6	84,9	45,2	30,3
3. Aufwuchs	100	90,4	50,4	—	—
4. Aufwuchs	100	86,3	—	—	—
Ausdauerndes Weidelgras					
1. Aufwuchs	100	88,7	110,8	102,5	64,1
2. Aufwuchs	100	97,0	102,3	74,1	41,3
3. Aufwuchs	100	117,0	61,2	—	—
4. Aufwuchs	100	134,1	—	—	—

Ohne auf Einzelheiten der für sich sprechenden Phänomene der Tabellen, die an anderer Stelle ausführlich behandelt worden sind (KRAUSE, LEISTER, DÖRTER, 1979; KRAUSE, LEISTER, KUHNERT, 1981), einzugehen, ergeben sich folgende Feststellungen:

— Bisherige Forschungsarbeiten zur Industrieabwasserverwertung in der Landwirtschaft sind unzureichend.

— Der dargestellte Versuch kann nur als ein Test für weitere Forschungsarbeiten zur Prüfung der Einsatzmöglichkeiten von Industrieabwässern in der Pflanzenproduktion angesehen werden und zeigt, daß mit Ertragsdifferenzierungen durch die unterschiedlich hohen Gaben sowie verschiedenen bzw. schwankenden Konzentrationen bestimmter Abwässer zu rechnen ist.

Tabelle 11

Anzahl abgestorbener Pflanzen bei Rotklee, Wiesenlieschgras und Ausdauerndem Weidelgras nach Bewässerung mit N-haltigem Industrieabwasser (Lehmboden)

Pflanzenart Variante Bewässerungswasser	NH_4-Konzentration mg/l	Anzahl abgestorbener Pflanzen in % – Tage nach Bewässerungsbeginn			
		44	56	72	78
Rotklee					
2 Prozeßabwasser	70	—	—	—	—
5 Havarieabwasser	100	—	—	—	—
6 Havarieabwasser	300	—	15,0	20,0	20,0
7 Havarieabwasser	600	—	80,0	80,0	80,0
Wiesenlieschgras					
2 Prozeßabwasser	70	7,5	7,5	10,0	10,0
5 Havarieabwasser	100	—	1,5	20,0	65,0
6 Havarieabwasser	300	5,0	82,5	87,5	100,0
7 Havarieabwasser	600	40,0	95,0	100,0	
Ausdauerndes Weidelgras					
2 Prozeßabwasser	70	—	—	—	—
5 Havarieabwasser	100	—	—	1,5	7,5
6 Havarieabwasser	300	—	1,5	16,5	57,5
7 Havarieabwasser	600	7,5	26,5	46,5	79,0

Variante 3 und 4: Absterben aller Pflanzen zwei bis drei Tage nach der 1. Bewässerung

— Verschiedene Kulturpflanzen reagieren mit deutlichen Unterschieden im Ertrag und in ihrer Entwicklung auf ein und dasselbe Abwasser. Jedoch erscheinen bestimmte Mengen und Konzentrationen eines Abwassers als Bewässerungswasser für bestimmte Kulturpflanzen geeignet.

— Die vorliegenden Untersuchungen erfassen im übrigen nur die komplexe Wirkung eines Industrieabwassers. Die Ursachen für Ertragsminderungen, Keimschädigungen und Wachstumshemmungen können mit einer Vielzahl von Abwasserinhaltsstoffen, mit der prozeßbedingten Schwankung der Zusammensetzung des Abwassers sowie mit den schwer zu erfassenden Kombinationswirkungen von Inhaltsstoffen und evtl. vorhandenen Nebenprodukten zusammenhängen.

– Aussagen über die Langzeitwirkung derartiger flüssiger Abprodukte auf den Boden sind wünschenswert.

– Es wäre dringend erforderlich, solche mehr oder weniger quantitativen und „grobqualitativen" Untersuchungen zu erweitern, indem die Aufmerksamkeit in erschöpfender Weise auf alle Besonderheiten des Inhaltes derartiger Abwässer in ihrer qualitativen Wirkung gerichtet werden muß. Dabei spielen die verschiedenen Böden mit der Dynamik ihrer physikalisch-chemisch-biologischen Prozesse sowie die verschiedenen Kulturpflanzenarten des Ackerlandes oder Pflanzengesellschaften des Graslandes mit ihren Wachstumsrhythmen eine Rolle. Geeignete Methoden werden hierzu notwendig sein, die auf feinste stoffliche Entitäten reagieren, welche möglicherweise über das Futter auf das Tier und über die Nahrung auf den Menschen von schädlichem Einfluß sind. –

Somit sei abschließend nur noch festgestellt, daß im Meliorationswesen beachtliche Potenzen landeskulturellen Nutzens aktiviert werden können, sofern die hier Tätigen verantwortungsbewußt zu einem ökologisch orientierten Handeln im Rahmen ihrer Aufgaben bei der in unserem Lande weiterhin mit hohen Ertrags- und Leistungssteigerungen verbundenen Pflanzen- und Tierproduktion bereit sind.

Literatur

Börnert, H.: Der Einsatz von Industrieabwässern in der sozialistischen Landwirtschaft der DDR. Halle, Martin-Luther-Univ., Sekt. Pflanzenprod., Dipl.-Arb. (1974).

Busch, K. F.: Nutzung und Schutz der Gewässer. In: Brockhaus Handbuch sozialistische Landeskultur. Umweltgestaltung — Umweltschutz. Leipzig: VEB F. A. Brockhaus Verl., 1977, S. 174—247.

Cherif, A., H. Krause und S. Leister: Phänometrische Untersuchungen zur Ermittlung der Wirkung von N-haltigen Industrieabwässern aus der Harnstoffproduktion auf Ausdauerndes Weidelgras. Wiss. Z. Martin-Luther-Univ. Halle—Wittenberg, math.-naturwiss. R. **30** (1981) 13—19.

Dörter, K.: Nutzung und Schutz des Bodens. In: Brockhaus Handbuch sozialistische Landeskultur. Umweltgestaltung — Umweltschutz. Leipzig: VEB F. A. Brockhaus Verl. 1977, S. 99—139.

Dörter, K.: Probleme und Erfahrungen bei der Entwicklung einer intensiven landwirtschaftlichen Produktion im Landschaftsschutzgebiet des Harzes. Berlin: Akademie-Verl. 1978 (Sitzungsber. Sächs. Akad. Wiss. zu Leipzig, math.-naturwiss. Kl. Bd 113, H. 3).

Dörter, K.: Der Einsatz von Industrieabwasser in der industriemäßigen Pflanzenproduktion. Tag.-Ber., Akad. Landwirtsch.-Wiss. DDR, Berlin (1981) 185, 5—11.

Dörter, K.: Einige Zusammenhänge zwischen Meliorationswesen und Landeskultur. In: Probleme der Landeskultur und der Lärmbekämpfung. Sitzungsber. Akad. Wiss. d. DDR, Berlin (1982) 6, 22—48.

Fiedler, R.: Probleme der Wasserwirtschaft und des Umweltschutzes bei der Gestaltung großflächiger Meliorationsgebiete. Wasserwirtschaft—Wassertechnik **23** (1973) 305—309.

Flegel, R.: Über die Bodenerosion durch Wasser im Gebiet der DDR. Int. Z. Landwirtschaft (1962) 6, 41—45.

Hayek, E.: Grundlagen eines neuen umweltfreundlichen Verfahrens zur Verwertung von Sulfitzellstoffablauge. Das österreichische Papier **16** (1979) 9, 20—21.

Kramer, D., u. a.: Schutz der Wasserressourcen vor diffusen Eintragungen aus landwirtschaftlichen Nutzflächen unter den Bedingungen der Abwasserbodenbehandlung. Wasserwirtschaft—Wassertechnik **30** (1980) 408—409.

Krause, H.: Aspekte der Wechselwirkung zwischen Wasserbereitstellung für die Bewässerung und der Umwelt. Wiss. Z. Martin-Luther-Univ. Halle—Wittenberg, math.-naturwiss. R. **29** (1980) 99—103.

Krause, H., S. Leister und K. Dörter: Die Wirkung stickstoffhaltiger Abwässer der Harnstoffindustrie auf die Entwicklung und den Ertrag ausgewählter Futterpflanzen sowie auf bodenphysikalische Eigenschaften. Hercynia, NF **16** (1979) 273—281.

Krause, H., S. Leister und P. Kuhnert: Der Einfluß von Abwässern der Harnstoffindustrie auf Pflanzenwachstum und Bodeneigenschaften eines Lehm- und Sandbodens. Tag.-Ber., Akad. Landwirtsch.-Wiss. DDR, Berlin (1981) 185, 13—18.

KRÜGER, W.: Bereitstellung von Abwasser. In: SCHAEF, H. J., u. a.: Wasserbereitstellung zur Bewässerung. Berlin: VEB Deutsch. Landw.-Verl., 1972, S. 307—385.

KUGLER, H.: Die Entwicklung der geomorphologischen Karten des Atlas DDR als Beitrag zur Strukturforschung und Ressourcenerkundung in der Deutschen Demokratischen Republik. Geograph. Berichte **14** (1969) 242—251.

KUGLER, H.: Geomorphologische Erkundung und agrarische Landnutzung. Geograph. Berichte **21** (1976) 190—204.

MAGER, J.: „Mühlen, Salinen, Hütten- und Hammerwerke als technische Denkmale des Saale-Harz-Gebietes. Wiss. Beiträge Martin-Luther-Univ., Halle **10** (1981) 57—64.

MELMS, F., und K. SCHWENZON (Hrsg.): Verwertungsgebiete für Sulfitablauge. Leipzig: VEB Deutsch. Verl. f. Grundstoffindustrie, 1967.

MÜLLER, P.: Landwirtschaftliche Verwertung von Abwässern der Kalkammonsalpeterproduktion und der Kohleveredlung. Wasserwirtschaft—Wassertechnik **28** (1978) 320—322.

NEEF, E.: Allgemeine Fragen der sozialistischen Landeskultur. In: Brockhaus Handbuch sozialistische Landeskultur. Umweltgestaltung—Umweltschutz. Leipzig: VEB F. A. Brockhaus Verl., 1977, S. 19—74.

PRETZSCHEL, M., G. BÖHME, K. DÖRTER, M. ALTERMANN und A. ROBE: Ergebnisse der Verbesserung der technologischen Eignung der Ackerstandorte — ein Beitrag zur Intensivierung. Kooperation **16** (1982) 75—77.

PRETZSCHEL, M., G. RUDOLF, M. ALTERMANN und J. MAUTSCHKE: Zur Kennzeichnung der Böden sowie Durchführung von Maßnahmen der Melioration und Flurneugestaltung auf landwirtschaftlich genutzten Standorten der Unterharzhochfläche. Wiss. Z. Martin-Luther-Univ. Halle-Wittenberg, math.-naturwiss. R. **26** (1977) 39—51.

SCHOPPE, H., K. DÖRTER und V. ANDERS: Zur Problematik von Erosionen an Böschungen und erste Hinweise über Maßnahmen zu ihrer Verhinderung im Rahmen der Tagebaurestlochgestaltung. Neue Bergbautechnik **11** (1981) 48—51.

SCHULZ, F., P. MÜLLER und D. KRAMER: Lysimeteruntersuchungen zur Bodenbehandlung von Abwässern der Braunkohleveredlung. Arch. Acker- u. Pflanzenbau u. Bodenkd. **25** (1981a) 735—744.

SCHULZ, F., P. MÜLLER und D. KRAMER: Modellversuche zur phytotoxischen Wirkung organischer Inhaltsstoffe von Abwässern der Braunkohleveredlung bei der Bodenbehandlung. Arch. Acker- u. Pflanzenbau u. Bodenkd. **25** (1981b) 745—753.

SIERP, F.: Die gewerblichen und industriellen Abwässer. Heidelberg: Springer Verl., 1967.

STRECKER, W.: Die Kultur der Wiesen. Berlin: Verlagsbuchhandlung Paul Parey, 1906.

THEODOR, H.: Forderungen der Organe der Staatlichen Hygieneinspektion an die Entwicklung der Umweltschutztechnik. In: Technologische und technische Lösungen zu landeskulturellen Aufgaben. Leipzig: VEB Deutsch. Verl. f. Grundstoffindustrie, 1978 (Technik und Umweltschutz. Luft—Wasser—Boden—Lärm Nr. 19, S. 56—60).

Direktive des X. Parteitages der SED zum Fünfjahrplan für die Entwicklung der Volkswirtschaft der DDR in den Jahren 1981 bis 1985. III. Die Aufgaben zur Entwicklung der materiell-technischen Basis der Volkswirtschaft. 7. Wasserwirtschaft und Umweltschutz. Berlin: Dietz Verl., 1981.

Fachbereichstandard TGL 6466/01 Ausg. Dezember 1977: Meliorationen; Bewässerung landwirtschaftlicher Nutzflächen; Güteanforderungen an Bewässerungswasser. Verantwortlich: VEB Ingenieurbüro für Meliorationen, Bad Freienwalde.

FSC
www.fsc.org
MIX
Papier | Fördert gute Waldnutzung
FSC® C083411

Zeitfracht Medien GmbH
Ferdinand-Jühlke-Straße 7
99095 Erfurt, Deutschland
produktsicherheit@kolibri360.de